LÉPIDOPTÈRES

D'ASIE

QUINZIÈME LIVRAISON

Juin 1891

RENNES

IMPRIMERIE OBERTHÜR

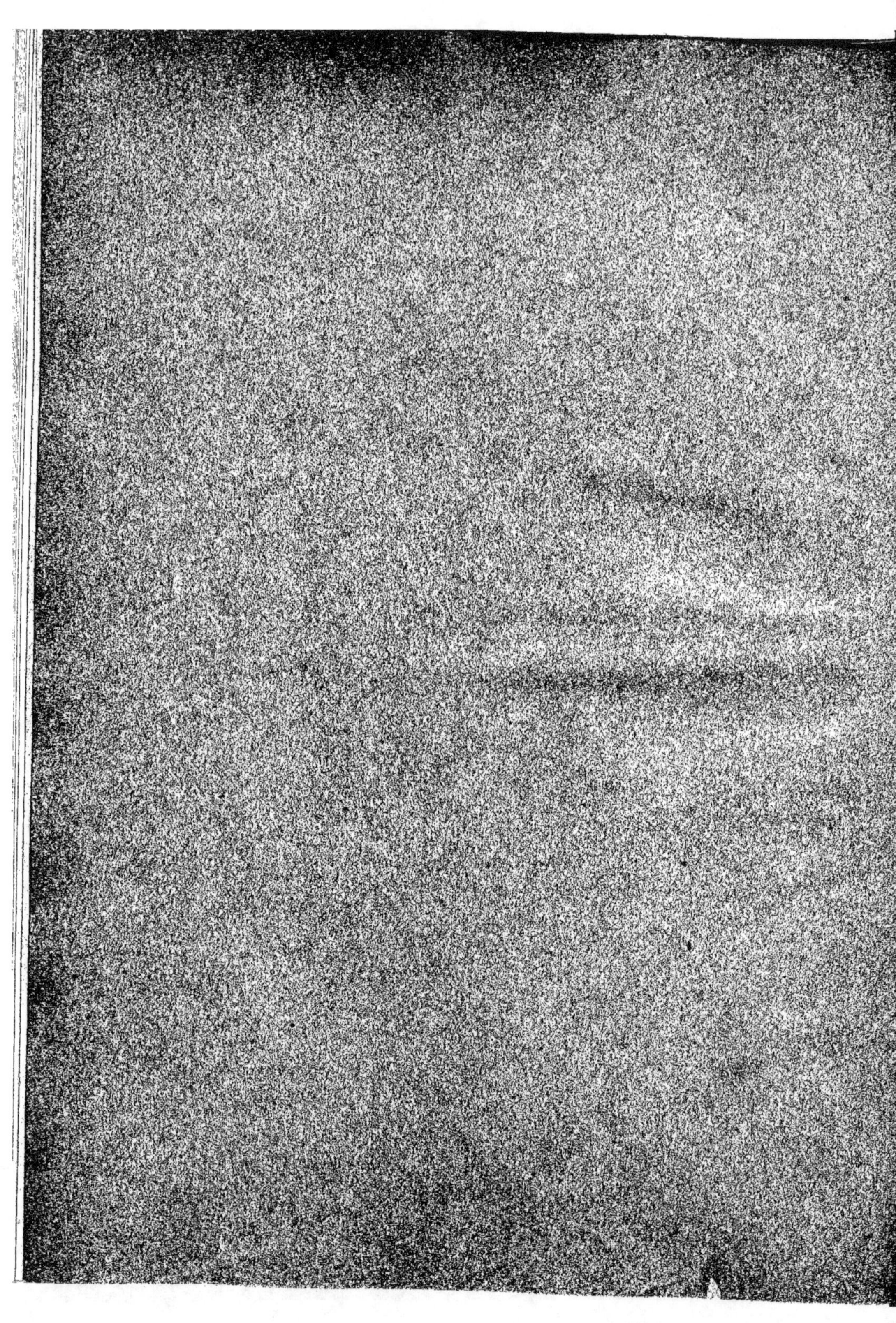

ÉTUDES D'ENTOMOLOGIE

FAUNES ENTOMOLOGIQUES

DESCRIPTIONS D'INSECTES

NOUVEAUX OU PEU CONNUS

Par Charles OBERTHÜR

RENNES

IMPRIMERIE OBERTHÜR

Juin 1891

NOUVEAUX
LÉPIDOPTÈRES

D'ASIE

Pieris Halisca, Obthr. (pl. III, fig. 23).

Tâ-Tsien-Loû (Thibet).

Taille et port de *Leucodice*.

Ailes supérieures en dessus d'un blanc jaunâtre très légèrement nuancé de verdâtre, avec les nervures noires assez largement empâtées de brun noirâtre ou entourées d'un semis serré d'atomes noirâtres, traversées du bord costal vers le bord inférieur, à peu près entre l'extrémité de la cellule discoïdale et le bord extérieur, par une ligne noirâtre, sagittée et sinueuse, d'où résulte une double rangée de taches blanc jaunâtre, les premières allongées et aiguës, les inférieures presque ovales et à extrémités plus arrondies.

Ailes inférieures en dessus blanc jaunâtre légèrement orangé près du bord antérieur, avec les nervures empâtées de noir près de la base, accompagnées ensuite d'un semis léger d'atomes noirs et se terminant en brun noirâtre vers le bord extérieur. Deux traits sagittés, noirs, intranervuraux, reproduction de ceux plus nombreux du dessous, se remarquent entre les espaces 1 et 2 à partir de l'angle interne.

Ailes supérieures en dessous blanc jaunâtre avec l'apex lavé de jaune orangé; les nervures assez finement indiquées en noir sauf la médiane, la clôture de la cellule discoïdale et les 2e, 3e et 4e nervules inférieures qui sont plus largement noircies. La ligne sinueuse transverse paraît beaucoup plus légère qu'en dessus.

Ailes inférieures en dessous entièrement lavées de jaune orangé uniforme, sauf l'espace basilaire dont la coloration est plus accentuée. Les nervures sont assez également noires et entre chaque espace intranervural on voit une sorte de pointe de flèche très aiguë noirâtre.

Antennes noires avec sommet de la massue très finement jaunâtre, corps noir. Dessous de l'abdomen blanchâtre.

Je ne connais que le ♂.

La *Pieris Halisca* diffère de *Leucodice* par la teinte plus jaunâtre de ses ailes en dessus, par le lavis orangé de l'apex des supérieures et de la surface des inférieures en dessous, par la ligne noirâtre plus aiguë et plus sinueuse descendant du bord costal des supérieures et par ses ailes inférieures beaucoup moins chargées de noirâtre.

Pieris Davidina, Obthr. (pl. III, fig. 20).

Très voisine de *Davidis*, Obthr. (*Études d'Entomol.*, II⁰ livraison, pl. I, fig. 5 *a*, 5 *b*).

En dessus, les ailes supérieures de *Davidina* sont plus empâtées de noir vers le bord extérieur, et les nervures des inférieures sont également plus largement noircies au contact du bord extérieur.

Le même empâtement mélanien se remarque en dessous ; mais l'apex et la face tout entière des ailes inférieures y sont lavées de jaune canari assez vif, au lieu de jaune nankin pâle ; de plus l'empâtement nervural est d'un noir ardoisé tendant plutôt à l'indigo bleuâtre qu'au brun sur les ailes inférieures, alors que la nuance reste brun noir aux supérieures. Près de la base des ailes inférieures et assez loin vers le milieu des ailes, il y a une pilosité blanchâtre relativement longue et épaisse.

La frange dans *Davidina* est noire ; elle est blanche dans *Davidis*, sauf en remontant vers l'angle apical des ailes supérieures où elle tend à noircir.

Les *Pieris Davidis* et *Davidina* (espèces distinctes ou races de saison peut-être d'une même espèce?) volent à Mou-Pin et à Tâ-Tsien-Loû. Une forme grande et à ailes larges de *Davidis* se trouve à Tsé-Kou d'où me l'a envoyée M. le R. P. Dubernard.

L'individu figuré a été pris à Mou-Pin par M. l'abbé Armand David.

Je ne connais pas la ♀ de *Davidis*, ni de *Davidina*.

Argynnis Charis, Obthr, (pl. I, fig. 4).

Yunnan (R. P. Delavay).

Ressemble beaucoup à *Gong*, dont elle diffère en dessus par son aspect plus enfumé et le contour de ses ailes paraissant plus dentelé, à cause de la frange entrecoupée de noirâtre.

En dessous, les caractères distinctifs, outre ceux de la frange qui se reproduisent du dessus, consistent dans la forme relative des taches à l'apex et le long du bord des supérieures, et sur la surface des inférieures. Les taches intranervurales, marginales, argentées notamment, sont plus élargies à leur base au contact du bord marginal, chez *Charis* que chez *Gong*.

Je pense que *Charis* remplace *Gong* au Yunnan et que c'est une race géographique analogue à ce qu'*Arsilache* est à *Pales*.

Les taches, comme disposition et nombre sont les mêmes dans les deux ; mais la distribution des nuances et l'aspect général les rendent plus dissemblables que *Selene* d'*Euphrosyne*, ou de *Selenis*.

Argynnis Castetsi, OBTHR. (pl. I, ♀, fig. 1).

Trichinopoly, dans l'Hindoustan méridional (R. P. Castets et Honnoré).

L'*Argynnis Castetsi* est la forme ♀ semblable au ♂, de la *Niphe*. J'ai publié à ce sujet une note dans le *Bulletin de la Société entomologique de France*, 1889 (pp. CCXXXIV et suivantes), où je fais ressortir l'intérêt qu'offre la constatation de cette forme de ♀ semblable au ♂, alors que l'on ne connaissait encore de l'*Argynnis Niphe*, espèce si commune, anciennement connue, et très répandue dans l'Asie tropicale, l'Abyssinie, Java, etc., que la forme ♀ tout à fait différente du ♂. On ne supposait même pas que la forme semblable au ♂ existât ; de même pour *Argynnis Diana*, de Virginie et *Sagana*, d'Asie orientale, dont la ♀, très distincte du ♂, est seule connue jusqu'ici.

J'invite les entomologistes à se reporter à la note précitée ; la figure publiée dans ces *Études* a pour but de la compléter.

Neptis Giddeneme, OBTHR. (pl. I, fig. 7).

Tsé-Kou (R. P. Dubernard).

Du groupe de *Thisbe* ; en dessus, noire à taches jaunes, avec cette particularité que la tache longue cellulaire est absolument liée à la suivante, de façon à ne faire avec elle qu'une courbe allongée.

Dessous, jaune clair, avec des lignes et dessins rouge orangé, dans la côte des supérieures, le long du bord marginal des mêmes ailes et sur la surface des inférieures. Aux supérieures, entre la tache allongée, courbe, cellulaire et la tache subapicale, il y a un espace plus foncé, rouge brunâtre, avec quatre petites taches violâtres, intranervurales, dont la supérieure touche la côte.

Le bord marginal des supérieures est accompagné d'une double ligne sinueuse rouge orangé; le bord marginal des inférieures est de même, mais la ligne la plus rapprochée du bord marginal est à peine perceptible; le disque est traversé du bord costal au bord anal par deux lignes semblables. L'espace basilaire est, au-dessous de la première nervule, orné de lignes et d'ombres rouge orangé.

Le grand nombre de *Neptis* actuellement connu ne permet de distinguer les espèces entre elles qu'avec des dessins reproduisant très exactement les deux faces des ailes.

Autrement toute identification est impossible.

Neptis Asterastilis, Obthr. (pl. I, fig. 5).

Momeit, en Haute-Birmanie (Doherty).

Cette *Neptis* m'a paru nouvelle. J'en publie une figure très exactement dessinée, au moyen de laquelle il sera aisé de reconnaître l'espèce.

Elle est noire, à taches fauves; celles-ci disposées à peu près comme chez *Ananta*; mais d'une nuance foncée sur le disque et plus claire au delà.

Dessous violâtre avec des taches et dessins brun rouge assez foncé. Les macules fauves du dessus paraissent très pâles et presque diaphanes en certains endroits.

Les couleurs rappellent celles d'*Ananta*, Moore; mais les lignes sont bien plus ondulées.

Apatura Chrysus, Obthr. (pl. I, fig. 6).

Léou-Fang (R. P. Xavier Mouton).

Superbe espèce, robuste, aux antennes épaisses, d'un jaune un peu fauve et doré en dessus, avec deux points ovales, transparents, à l'apex des supérieures et des taches noires, comme suit : aux supérieures, une dans la cellule, une petite triangulaire, au-dessous de celle-ci; une autre large, à l'extrémité de la cellule qu'elle dépasse des deux côtés; un point oval au-dessous, presque lié à une tache qui occupe l'angle interne; enfin une tache triangulaire sur laquelle sont les deux points transparents. Ces deux points sont de grosseur inégale; le supérieur est plus large que l'autre. Le bord marginal est noirâtre aux supérieures comme aux inférieures. Le bord anal et la base de celles-ci est également noirâtre; de plus, le bord marginal est surmonté d'une rangée de taches intranervurales noires, mais pas dans leur entier; elles sont plus ou moins entamées par la couleur du fond, sur laquelle il ne reste plus que des atomes noirs; les deux supérieures de ces taches ont le centre d'un jaune plus pâle que le fond.

En dessous, les taches des supérieures sont reproduites, mais sur un fond fauve plus mat et moins foncé. La tache et le trait cellulaires sont seuls noirs; la tache qui clôt la cellule, au delà du trait noir, est brun rouge; la tache ronde au-dessous est pupillée de bleuâtre et l'apex, ainsi que le bord terminal, est traversé par des petits traits vermiculés, brun cramoisi.

Les inférieures sont également traversées par des traits vermiculés, brun cramoisi; le fond des ailes inférieures est près de la base et le long du bord antérieur chamois clair; en outre une ligne assez droite, d'abord brune, puis semée d'atomes grisâtres, s'évasant en triangle près du bord costal descend, par le milieu, jusqu'au bord anal. Un point brun, est au delà de cette ligne, entre le troisième espace nervural.

Je ne connais que le ♂.

Apatura Ilia, Hübner, var. **Serarum,** Obthr. (pl. I, ♂, fig. 8).

Hou-Pé (Carl Bock); Yunnan (R. P. Delavay).

Diffère de l'*Apatura Ilia* européenne, par la direction droite et non sinueuse de la bande maculaire blanche, médiane, aux ailes inférieures, et par l'élargissement des taches blanches en général.

Charaxes Narcæus, Hewitson, var. **Thibetanus,** Obthr. (pl. II, fig. 10).

Mgr Biet a pris à Tâ-Tsien-Loù une forme de *Charaxes Narcæus,* semblable à celle que M. Pratt a capturée, pour M. Leech, à Chang-Yang; mais cette forme est bien plus mélanienne que celle dont feu Hewitson a publié la figure dans son bel ouvrage *Illustrations of new species of exotic Butterflies* (I, *Nymphalis*, 1, 4) et à qui il donne pour provenance « Chekiang, north of China. »

La comparaison de la figure publiée par Hewitson et de celle que je publie dans le présent ouvrage, fait ressortir les différences. Elles consistent surtout en ce que dans la forme *Thibetanus*, 1° en dessus, la base des ailes supérieures est plus noircie; 2° la bande maculaire, submarginale, descendant depuis le voisinage du bord costal des supérieures jusqu'au-dessus de la seconde caudature des inférieures, est bien plus réduite de dimension par l'envahissement des parties noirâtres; 3° en dessous, par la teinte beaucoup plus foncée des parties brunes et au contraire la nuance plus pâle et comme argentée des parties verdâtres.

L'exemplaire figuré dans ces *Études* a été pris par M. Pratt à Chang-Yang.

Charaxes Clitiphon, OBTHR. (pl. II, fig. 11).

Espèce voisine de *Narcœus*, découverte à Tsé-Kou par le R. P. Dubernard.

Diffère de *Narcœus-Thibetanus*, en dessus, par le rétrécissement des taches verdâtres submarginales, le manque de la tache verdâtre dans l'espace basilaire costal, la présence d'une petite tache verdâtre extracellulaire et d'une tache plus grande, également verdâtre, au delà de la petite précitée; ces deux taches remplaçant la tache large extracellulaire de *Narcœus*; enfin par la position aux ailes inférieures des taches jaunâtres marginales, leur emplacement, notamment entre les deux queues et sous la tache oculaire anale.

En dessous, outre les différences reproduites par transparence du dessus, on remarque la nuance générale plus violâtre le long du bord costal, du bord marginal et près de la base des ailes; le semis plus épais de petits points noirs dans l'espace cellulaire des supérieures; la forme de la réserve verdâtre au milieu des inférieures, et avec cette particularité que dans *Narcœus*, cette réserve verdâtre n'est entourée que de deux côtés, de façon à figurer une sorte de triangle dont la base reste libre et sans aucun entourage de brun ou de cramoisi, le long du bord costal; tandis qu'au contraire, dans *Clitiphon*, le bord costal est teinté de cramoisi et la réserve verdâtre est ainsi absolument entourée. La partie verte du bord anal est sans tache dans *Narcœus*; elle est semée d'atomes noirs dans *Clitiphon*.

Le premier article des pattes est noir dans *Clitiphon* et blanc dans *Narcœus*; le dessous du thorax est couvert d'un poil assez épais dans *Clitiphon*.

Charaxes Satyrina, Butler, var. Menedemus, Obthr. (pl. II, fig. 9).

Diffère de *Satyrina*, Butler, par la taille plus petite, la nuance plus vive des parties verdâtres et brun noirâtre des ailes et surtout par la forme plus obtuse des prolongements caudaux. Tsé-Kou (R. P. Dubernard).

La forme *Satyrina* se trouve à Tâ-Tsien-Loû (Mgr Biet).

Arge Yunnana, Obthr. (pl. III, fig. 21).

Découverte en août 1886, à IIec-Chan-Men, au Yunnan, par le R. P. Delavay.

Voisine de *Halimede*, dont elle diffère surtout par le dessous de ses ailes, largement teinté de jaune un peu verdâtre qui recouvre et atténue tous les dessins ordinaires à l'apex des supérieures et sur la surface entière des inférieures. Les taches des ailes inférieures sont aussi de forme plus aiguë, moins arrondie, et bien plus accentuées au-dessous de la nervure médiane.

Callerebia Delavayi, Obthr. (pl. II, fig. 18).

Dessus brun, avec le milieu des ailes supérieures plus foncé et recouvert d'un duvet soyeux. L'apex des mêmes ailes est orné d'une grosse tache ronde, noire, cerclée de fauve et bi-pupillée de blanc.

Le dessous est d'un brun pâle; la tache apicale bi-oculée est cerclée de jaunâtre un peu bruni; le bord marginal et apical est nuancé de jaunâtre et de violet vineux; deux ombres de cette couleur descendent de chaque côté de la tache bi-oculée, l'une un peu ondulée le long du bord marginal, l'autre d'abord décrivant une courbe parallèle au bord intérieur du cercle jaunâtre de la tache bi-oculée, puis décrivant un zigzag, en forme de **Z**.

Sur toute la surface des ailes inférieures, il y a un semis d'atomes gris blanchâtre, brun vineux et brun jaunâtre. Le brun jaunâtre domine le long du bord costal; puis vient une éclaircie gris blanchâtre, du bord anal à la partie antérieure du bord marginal; ensuite une ombre brun vineux, soulignant l'éclaircie gris blanchâtre et s'épaississant près du bord marginal, au-dessus d'un autre espace brun jaunâtre un peu moins foncé que celui du bord costal, mais de même nuance; enfin une légère éclaircie près du bord anal et marginal inférieur. En outre quelques ombres vineuses descendent verticalement du bord costal et paraissent décrire un angle droit vers la base et le bord anal, en traversant l'espace brun jaunâtre costal.

Les antennes sont très jolies, d'abord finement annelées, blanc et noir, puis orangées avec la massue noire.

Yunnan (R. P. Delavay). Je ne connais que le ♂.

Callerabia Yphtimoides, OBTHR. (pl. II, fig. 16).

Tsé-Kou (R. P. Dubernard).

Dessus des ailes brun uni, avec une tache apicale ronde, noire, de taille médiocre, cerclée de jaune bruni, bi-pupillée de blanc, située dans une tache triangulaire rougeâtre appuyée à son côté intérieur sur un espace soyeux également triangulaire, placé inversement de la tache rougeâtre, c'est-à-dire sa base reposant sur le bord inférieur de l'aile supérieure et son sommet atteignant à peu près l'extrémité de la cellule discoïdale ; la tache rougeâtre, au contraire, a son sommet près de l'angle interne et sa base un peu au-dessous du bord costal. Une ombre brun foncé limite le côté extérieur de cette tache rougeâtre, assez parallèlement au bord extérieur. Cette ombre se prolonge en un liséré ondulé le long du bord extérieur des ailes inférieures et parallèlement à une autre ligne également un peu ondulée descendant un peu au delà de la cellule du bord costal vers le bord anal. Ces ombres ou lignes brunes transparaissent du dessous des ailes où elles sont plus accentuées.

En dessous, les ailes supérieures sont brun rouge, avec la côte grise, ainsi que l'apex et le bord marginal. Ces parties grises sont remplies d'une infinité de petits traits brunâtres. La tache rouge triangulaire du dessus et dans laquelle se trouve l'ocelle bi-pupillé de blanc, cerclé de jaune pâle, est séparée du fond rouge et du bord marginal gris par une ombre ondulée d'un rouge plus foncé en forme de **V**.

Le fond des ailes inférieures est entièrement gris, sablé d'une quantité d'atomes brunâtres, et traversé par trois lignes ondulées, assez parallèles au bord marginal, et descendant du bord costal au bord anal. L'espace compris entre la première et la deuxième de ces lignes paraît d'un gris plus foncé, parce que une éclaircie un peu jaunâtre en accompagne les deux côtés. La base est recouverte de poils soyeux, courts, assez serrés.

La massue des antennes est jaune orangé. Je ne connais que le ♂.

Yphtima Methorina, Obthr. (pl. II, fig. 15).

Tâ-Tsien-Loû (Mgr Biet).

Voisin de *Methora*, Hew, du Sikkim ; mais distinct par l'espace soyeux qui recouvre le milieu des ailes supérieures en dessus, par la forme plus allongée des taches ocellées marginales, aux ailes inférieures, disposition que reproduit le dessous ; enfin par le fond des ailes moins uniforme en dessous et présentant, entre la bande maculaire ocellée et le bord marginal des inférieures, une éclaircie blanchâtre, comme aussi au-dessus du rang des trois ocelles dont le dernier touche à l'angle anal.

Yphtima Dromon, Obthr. (pl. II, fig. 12).

Tsé-Kou (R. P. Dubernard) et Yunnan (R. P. Delavay). Je ne connais que le ♂.

Dessus brun avec le disque soyeux ; les supérieures ornées d'une tache subapicale ovale noire, bi-pupillée de bleuâtre brillant et cerclée de jaune bruni ; les inférieures marquées d'un petit point noirâtre, pupillé de blanc, cerclé de jaune bruni, plus ou moins perceptible, situé un peu au-dessus et en côté de l'angle anal ; les deux ailes bordées d'un liséré submarginal brun foncé, ondulé, descendant du bord costal et s'arrêtant au bord anal.

Le dessous brun pâle, grisâtre, strié d'une infinité d'atomes bruns ; les inférieures traversées du bord costal au bord anal par trois ombres, plus ou moins épaisses, brunes, les deux premières assez parallèles entre elles, légèrement anguleuses, la dernière submarginale, anguleuse en sens inverse des deux autres ; aux supérieures la tache ocellée située au milieu d'une ombre faisant une sorte de **V** mal fermé.

Yphtima Dromonides, Obthr. (pl. II, fig. 14).

Tâ-Tsien-Loû (Mgr Biet).

Diffère de *Dromon* par la teinte jaunâtre qui recouvre toute la surface de ses ailes en dessous et par les petits ocelles noirs, cerclés de jaune pâle, pupillés de blanc argenté, en nombre variant de 3 à 5, qui décorent les ailes inférieures.

Les ailes en dessus sont aussi plus fortement ocellées que *Dromon*.

Il est possible que *Dromon* et *Dromonides,* dont le faciès est d'ailleurs très différent, soient deux races géographiques d'une même espèce.

La ♀ de *Dromonides* diffère du ♂ par l'absence d'espace soyeux aux ailes supérieures en dessus et la présence sur ces mêmes ailes d'une quantité de petits traits bruns sur un fond plus clair, le long du bord costal et surtout vers l'angle apical et le bord extérieur.

Yphtima Clinia, Obthr. (pl. II, fig. 13).

Tâ-Tsien-Loû (Mgr Biet).

Plus petit que *Dromon;* taille de *Beautéi.*

Dessus brun foncé; les supérieures pourvues d'une tache noire, ocellée, ovale, cerclée de jaune bruni, bi-pupillée de blanc lilacé; les inférieures avec 2 taches rondes noires, pupillées de lilas, finement cerclées de brun jaunâtre; les 2 ailes lisérées d'une ombre submarginale noirâtre.

Dessous brun, finement strié de jaunâtre, surtout sur la face des inférieures et le long du bord costal et marginal des supérieures; les ocelles sont tous entourés de jaunâtre un peu bruni, mais de nuance assez vive; les deux apicaux, aux supérieures et aux inférieures, sont bi-pupillés de lilas bleuâtre argenté; en outre des deux ocelles ronds qui transparaissent en dessus, près du bord marginal des inférieures, il y a un ocelle anal bi-pupillé. Le liséré marginal brun foncé borde les ailes comme en dessus.

La ♀ diffère du ♂ par la suppression de l'espace soyeux aux ailes supérieures en dessus et la dilatation des ocelles qui, aux ailes inférieures en dessous, forment généralement une chaîne continue, grâce à l'adjonction d'un cinquième ocelle entre la tache apicale et les autres.

Yphtima Clinioides, Obthr.

Yunnan (R. P. Delavay).

Cette espèce sera figurée dans une livraison ultérieure des *Études d'Entomologie.*

J'en parle ici à cause de l'intérêt qu'offre la faune comparée des *Yphtima* (et sans doute de beaucoup d'autres genres de Lépidoptères) au Yunnan et à Tâ-Tsien-Loû.

Clinioides est à *Clinia,* ce que *Dromon* est à *Dromonides.*

Chez *Clinioïdes*, les taches ocellées sont réduites et le fond des ailes est moins jaunâtre en dessous.

Il y a au Yunnan une troisième espèce. Malheureusement j'ai une seule paire de *Clinioïdes* et un seul ♂ de l'autre espèce. J'attendrai de mon aimable correspondant, M. le R. P. Delavay, des documents plus complets pour faire connaître avec tous les détails nécessaires ces deux *Yphtima* du Yunnan.

Epinephele Phania, Obthr. (pl. II, fig. 17).

Yunnan (R. P. Delavay).

Taille de *Yphtima Amphitea*. Dessus brun noir comme cette espèce et mêmes ocelles noirs, l'un bi-pupillé aux supérieures, cerclé de jaune bruni, l'autre petit, rond, aux inférieures. Dessous brun jaunâtre, très légèrement et très finement strié de brun, avec l'espace médian, infracellulaire aux supérieures moins nuancé de jaunâtre et non strié; aux supérieures l'ocelle est comme en dessus, mais le cercle jaune est plus clair; aux inférieures, il y a 3 ocelles rangés en ligne à peu près droite, comme chez *Yphtima Nareda*. Ces 3 ocelles sont pupillés d'argent et cerclés de jaune pâle. L'ocelle anal est bi-pupillé.

L'*Epinephele Phania* me paraît une transition entre les *Yphtima* et les *Epinephele* comme *Bieti*. Mais la coupe des ailes, leur contexture, le manque de liséré marginal le long des quatre ailes et le faciès général me semblent ne pas laisser de doute sur le genre.

Chrysophanus Ouang, Obthr. (pl. II, fig. 19).

Espèce robuste découverte à Tsé-Kou par le R. P. Dubernard.

Ailes violâtre-bronzé en dessus, avec le bord marginal noirâtre, éclairci près du bord inférieur des supérieures par deux taches fauve orangé, juxtaposées, et à partir du bord anal des inférieures par un liséré lilas, surmonté de croissants intranervuraux fauve-orangé que surmontent eux-mêmes des chevrons lilas. La cellule des supérieures est clôturée par une tache noire, au delà de laquelle une ligne ondulée noirâtre descend du bord costal vers le bord inférieur.

Le dessous des supérieures est orangé bronzé et le dessous des inférieures brun bronzé, avec des taches et lignes blanc d'argent comme suit : aux supérieures trois points ronds

3

avant la clôture de la cellule, ponctués de noir; un trait cellulaire épais, divisé au milieu par une ligne noire peu apparente; une rangée de taches intranervurales, extracellulaires, descendant du bord costal vers le bord inférieur, extérieurement ponctuées de noir; une ligne assez épaisse, parallèle au bord marginal, lisérée très finement de noir des deux côtés; aux inférieures, cinq points basilaires ayant un reflet un peu bleuâtre, pupillés de noir; une ligne assez épaisse en forme de **V**, ayant intérieurement un trait noir, court, près de la côte, et extérieurement un point noir infracellulaire et un liséré noirâtre qui l'accompagne jusqu'à l'endroit où elle finit près du bord anal; une autre ligne extérieurement bordée de quatre traits noirs, formant presque un trait continu : cette ligne forme avec la première en **V**, un deuxième **V** plus court, finissant au point noir infracellulaire précité.

Enfin une ligne épaisse, allant du bord costal au bord marginal, extérieurement très dentelée, surmontant les points noirs de l'espace anal et super-caudal qui est orangé, termine, avec le liséré submarginal, la série de ces lignes ou traits blanc argenté.

Le bord des ailes est finement liséré de noir; la frange est blanche.

Les antennes sont annelées de noir et blanc.

Eudamus Frater, Obthr. (pl. I, fig. 3).

Yunnan (R. P. Delavay).

Voisin de *Bifasciatus, Germanus, Nepos*, etc.; mais bien distinct par le rétrécissement des taches vitreuses aux ailes supérieures. Le dessous des ailes inférieures ressemble plus à *Germanus* qu'aux autres espèces, c'est-à-dire que les taches noir violacé sont également foncées chez *Germanus* et chez *Frater;* mais leur position relative est différente, comme aussi la position des taches vitreuses aux supérieures.

Eudamus Gener, Obthr. (pl. I, fig. 2).

Yunnan (R. P. Delavay); Tâ-Tsien-Loû (Mgr Biet).

Un peu plus petit que son congénère *Bifasciatus*, dont il diffère par ses ailes inférieures en dessous saupoudrées le long du bord marginal d'atomes gris violâtre, et par ailleurs d'une teinte brun uni, traversée par deux bandes maculaires sinueuses à peine perceptibles, allant du bord costal au bord anal. On ne voit ces bandes, qui ne se distinguent presque pas de la couleur du fond, que grâce aux lignes fort peu accentuées elles-mêmes qui les limitent. De plus la frange n'est pas entrecoupée comme chez *Bifasciatus*.

Carterocephalus Demea, OBTHR. (pl: III, fig. 24).

Tâ-Tsien-Loû (Mgr Biet).

Voisin de *Niveomaculatus*; comme lui, noir en-dessus avec des taches blanches un peu nacrées, mais très distinct par la position même et le nombre de ces taches qui sont plutôt disposées comme dans *Flavomaculatus*. La frange est très blanche à l'apex des supérieures et des inférieures; elle est salie de noirâtre près de l'angle anal de celles-ci; par ailleurs, elle est brun noirâtre.

Dessous des supérieures brun noir mat, reproduisant les taches blanches du dessus, avec la côte blanchâtre près de la base, jusqu'à la cellule, un peu plus haut, au contact de la tache blanche costale. La frange, blanche à l'apex, est liée à une tache blanc mat un peu laiteux.

Le dessous des inférieures est brun, avec la base fortement mélangée de poils gris blanchâtre et la partie supérieure marginale grisâtre; de plus il est orné de taches argentées disposées comme suit : 1° un point rond non loin de la base; 2° une tache longue, descendant du bord costal et s'arrêtant au-dessus de l'angle anal qu'elle n'atteint pas; cette tache est d'abord droite intérieurement, puis se termine en forme de **8**; extérieurement, en face de la partie droite, elle est irrégulière et presque bilobée; 3° une tache également longue, extérieurement droite, intérieurement convexe en face des parties concaves de la seconde et concave en face des parties convexes.

Dessous de l'abdomen blanchâtre; dessous du thorax couvert de poils grisâtres.

Antennes finement annelées de noir et de blanc, avec la massue noire en dessus, orangée en dessous.

Carterocephalus Micio, OBTHR. (pl. III, fig. 29).

Tsé-Kou (R.-P. Dubernard).

Dessus noir, avec des taches blanches aux supérieures, comme suit : une petite tache cellulaire, à la naissance de la cellule; une plus grosse à l'extrémité de la cellule; deux également assez grosses, rectangulaires, intranervurales, liées à la tache cellulaire, au-dessous de laquelle elles descendent en ligne droite vers le bord inférieur ; cinq taches petites dont trois costales, subapicales, en ligne assez droite et deux au-dessous et au delà des trois premières, de telle façon que la première de ces deux est liée par l'extrémité de son angle intérieur, à l'extrémité de l'angle extérieur de la dernière des trois.

Aux inférieures, une grosse tache cellulaire et une autre plus petite contiguë à celle-ci.

Dessous des supérieures brun noir avec les mêmes taches blanches qu'en dessus et deux en plus, une très petite apicale et une autre entre les deux groupes maculaires médians. L'apex des supérieures est brun rouge.

Dessous des inférieures brun rouge foncé, avec une disposition de taches blanc d'argent analogue à celles de *Demea*, mais de forme différente. La tache submarginale notamment est étroite, presque linéaire dans son parcours inférieur ; l'autre décrit intérieurement une courbe assez régulière et forme intérieurement une pointe qui va joindre la tache submarginale.

Syrichthus maculatus, Bremer, var. **Thibetanus,** Obthr. (pl. III, fig. 27).

Tâ-Tsien-Loû (Mgr Biet).

En-dessus à peu près intermédiaire entre *Maculatus* et *Sinicus*, Butler ; en dessous paraît une forme albine de *Sinicus* que je considère comme étant la race japonaise et mongolienne du *Maculatus* de Mantschourie. On voit encore des vestiges de rouge brique près de l'apex des ailes supérieures et çà et là sur les taches des inférieures ; mais la nuance générale du bord marginal et costal des supérieures ainsi que de la surface des inférieures est gris jaunâtre pâle.

Syrichthus Delavayi, Obthr. (pl. III, fig. 31).

Yunnan (R.-P. Delavay).

Si le *Syrichthus Bieti* ne se trouvait pas au Yunnan comme au Thibet, sans différence bien appréciable, je considérerais le *Syrichthus Delavayi* comme une race géographique de *Bieti*, malgré son faciès très différent.

En effet ses caractères distinctifs consistent dans l'accentuation des taches blanches en dessus, dans un seul changement, quant à la disposition générale de ces taches qui sont en série plus droite et moins échelonnée ; et en dessous dans l'accentuation également plus grande de tous les dessins et taches qui sont plus nets, avec des contours très arrêtés et comme circonscrits par un trait noirâtre extrêmement fin. La couleur générale des taches en dessous est grisâtre, sans tendance au rougeâtre, comme cela se remarque dans le *Bieti* du Yunnan.

Herpa basiflava, Obthr. (pl. III, fig. 25).

Tâ-Tsien-Loû (Mgr Biet).

Diffère de *Venosa*, Walker, du Sikkim par son corps noir et par la tache jaune, extérieurement et inférieurement bordée de noirâtre qui occupe l'espace basilaire des ailes supérieures.

Les antennes dans *Basiflava* sont beaucoup moins plumeuses que dans *Venosa*.

Je possède une variété de *Venosa*, prise au Kouy-Tchéou par le R.-P. Largeteau qui est plus petite et plus blanche que *Venosa* ; j'ai appelé cette race géographique *Sinica*.

Elcysma Delavayi, Obthr. (pl. III, fig. 22).

M. Elwes a figuré dans les *Procceedings of the Zool. soc.*, 1890, pl. XXIV, les trois espèces jusqu'ici connues du genre *Elcysma*, de la tribu des *Chalcosidœ*.

L'*Elcysma Caudata*, Bremer, est la plus anciennement connue. Je la possède de l'île Askold.

L'*Elcysma Westwoodi*, Voll. (*Translucida*, Butler) se trouve au Japon et en Corée, d'où j'en ai reçu quatre exemplaires. Je ne possède pas l'*Elcysma Dohertyi*, Elwes, des collines du pays Naga.

Mais M. l'abbé Delavay m'a envoyé du Yunnan une quatrième espèce, voisine de *Dohertyi* dont elle diffère par les caractères suivants :

1° Absence de trait noir le long du bord extérieur de la tache basilaire orangée ;

2° La première nervule inférieure, second prolongement de la nervure cellulaire supérieure, poursuit sa course en ligne droite, au lieu de présenter, comme dans *Dohertyi* une fourche un peu avant la rencontre du bord externe ;

3° La teinte générale des ailes dans *Delavayi* est d'un blanc jaunâtre assez opaque et l'apex des supérieures est beaucoup moins obscurci que dans *Caudata* et *Westwoodi*. Au contraire, la figure de *Dohertyi* représente cette espèce plus obscurcie qu'aucune des autres.

Dédiée à M. le R. P. Delavay, missionnaire apostolique au Yunnan.

Gnophos Philolaches, OBTHR. (pl. III, fig. 26).

Tâ-Tsien-Loû (Mgr Biet).

Taille et port de *Mendicaria;* les antennes du ♂ sont longues et pectinées comme dans cette dernière espèce. Les quatre ailes en dessus sont d'un gris uni assez opaque, avec un trait disco-cellulaire, court mais très net, noirâtre, une ombre transversale extra-cellulaire brunâtre, indécise, étroite et une autre tout aussi vague entre la base et la tache disco-cellulaire des supérieures. Une troisième ligne, plus nette, quoique souvent interrompue, brunâtre et très sinueuse, descend du bord costal des supérieures au bord anal des inférieures, un peu avant le bord terminal. Celui-ci est régulièrement marqué de noir dans les espaces intranervuraux.

La frange est assez longue et gris brunâtre.

Le dessous reproduit en plus pâle les taches disco-cellulaires et la ligne transverse du dessus. Mais le fond des supérieures est d'un gris un peu noirâtre, légèrement chatoyant et la surface des inférieures est d'un gris clair un peu jaunâtre.

Gnophos Theuropides, OBTHR. (pl, III, fig. 28).

Tâ-Tsien-Loû (Mgr. Biet).

Espèce plus grande que *Philolaches* et comme elle, pourvue dans le ♂ d'antennes longues et pectinées.

Ressemble un peu par la disposition générale de sa couleur et de ses dessins à *Glaucinata*.

Ailes variées de gris plus ou moins bleuâtre ou noirâtre, de jaunâtre et couvertes d'une infinité de très petites stries d'où résulte la couleur du fond, et sur lesquelles se dessine d'abord une ligne arquée, descendant de la côte au bord inférieur des supérieures, entre la base et l'espace disco-cellulaire, puis une ligne commune atteignant le milieu du bord anal des inférieures, assez droite, mais très dentelée et formée d'une série de petits croissants intranervuraux. Au-delà de cette seconde ligne gris brunâtre comme la première et plus accentuée que celle-ci, on voit un espace plus clair que traverse, avec accompagnement de quelques macules plus obscures, une ligne submarginale blanchâtre, assez parallèle au bord terminal et beaucoup moins ondulée que la ligne gris brunâtre extracellulaire.

En dessous, le fond des supérieures est plus obscur que le fond des inférieures; celles-ci sont d'un gris un peu argenté. Les ailes sont traversées par une ligne commune extracellulaire, transparaissant du dessus, mais moins sinueuse et surtout indiquée par un petit point noirâtre, très fin, à la rencontre de chaque nervure. Les ailes inférieures ont aussi un petit point noirâtre cellulaire.

Micronia Archilis, Obthr. (pl. III, fig. 33).

Fond des ailes blanc un peu nacré en dessus, surtout aux supérieures qui sont striées de traits gris, finement tracés, descendant du bord costal au bord inférieur et formant comme des groupes assez régulièrement espacés d'une double série de deux lignes parallèles. Ces lignes ne sont pas semblablement écrites dans les divers individus de l'espèce que j'ai sous les yeux et elles sont faites non pas au moyen d'un trait ininterrompu, mais plutôt par de petits traits courts et se rattachant les uns aux autres.

Les inférieures ne sont striées à la façon des supérieures que près du bord externe, le milieu de ces ailes est d'un ton plus mat et traversé par une raie brun clair assez épaisse, surtout près du bord externe où elle se coude, en se dirigeant vers le bord anal, au-dessus de points marginaux noir vif. Ces points sont au nombre de quatre, l'un anal plus petit, les trois autres assez égaux et le dernier d'entre eux occupe la petite caudature de l'aile. La raie brune précitée est intérieurement doublée d'une raie parallèle, moins épaisse et moins foncée, qui contient trois traits également brun pâle et parallèles au bord anal.

Le dessous est tout blanc avec les seuls points noirs marginaux auxquels les nervures viennent aboutir, comme aussi à une série de petites ponctuations noires très fines qui, depuis le bord costal des supérieures, précède le long du bord marginal, la frange entièrement blanche, courte et soyeuse.

La finesse de la contexture des ailes permet de voir en dessous par transparence les stries grises du dessus.

Le corps et les pattes sont blancs; les antennes paraissent brunâtres.

La *Micronia Archilis* a été découverte au Thibet (Tâ-Tsien-Loû et Chapa) par Mgr Biet. C'est une espèce très délicate, de taille moyenne, un peu plus grande qu'*Erycinata*, Gn. (d'Afrique tropicale, occidentale et orientale), à laquelle elle ressemble par la forme de ses ailes supérieures.

Elle se placerait entre cette *Erycinata* et l'*Obtusata*, Gn., de l'Archipel et du Continent indien; mais celle-ci est une espèce plus grande et plus robuste.

Les *Micronia* sont nombreuses et répandues dans toute l'Inde, la Chine, l'Océanie et l'Afrique où certaines espèces sont presque identiques à celles des Moluques. Elles constituent un groupe bien homogène, ayant un faciès qui les rapproche des *Urapteryx*. Ma collection en renferme une trentaine d'espèces.

Macaria Cacularia, Obthr. (pl. III, fig. 32).

Tâ-Tsien-Loû (Mgr Biet).

Du groupe de *Maligna*, Butler; *Sufflata*, Guenée; *Aestimaria*, Hbn.; un peu plus grande que cette dernière et beaucoup plus foncée. En dessus, les ailes sont brun violâtre et traversées par une éclaircie médiane blanchâtre, dans laquelle se trouve les points cellulaires, noirs et assez épais; cette éclaircie est limitée du côté de la base par une ombre d'un brun violâtre et extérieurement par une ligne noire présentant près du bord costal en dessus une sinuosité profonde qui n'existe pas en dessous. Cette ligne est elle-même extérieurement lisérée de blanchâtre; au delà, il y a un mélange de taches et ombres brunes sur un fond violâtre; on voit aux supérieures une petite tache blanche subapicale, intérieurement contiguë à une ombre brune costale. Aux inférieures, il y a deux taches brunes assez grosses; l'une d'elles est de forme irrégulière, l'autre est ovale, allongée. Le bord marginal est liséré de brun plus épais au contact des nervures.

En dessous la côte et la base sont jaunâtres mélangés de brun et de blanchâtre; l'espace au delà de la ligne transverse médiane est brun violâtre avec quelques taches et éclaircies blanchâtres.

Il convient d'observer que les ailes, en dessus comme en dessous, sont saupoudrées d'une infinité de petits points et lignes brunâtres plus ou moins serrés.

Botys Callidoralis, OBTHR. (pl. III, fig. 30).

Tâ-Tsien-Loû (Mgr Biet).

Voisin de *Terrealis*, Tr. Un peu plus grand, très distinct par une tache jaunâtre cellulaire presque carrée, analogue à celle qu'on remarque dans *Lancealis*, W.-V. Les ailes sont du même gris que *Terrealis*; les inférieures ont cependant la côte plus pâle; la ligne commune est presque semblable à celle de *Terrealis*.

EXPLICATION DES PLANCHES

17 novembre